编委会名单

世界非物质文化遗产
出品方·中国动漫集团有限公司
联合编审·中国非物质文化遗产保护中心、中国农业博物馆
二十四节气
中国人的智慧，全人类的财富
主编——陈学会
绘图——于振越
文化藝術出版社
Culture and Art Publishing House
立春
雨水
惊蛰
春分
清明
谷雨
春

“农历二十四节气”又称“二十四节气”，是中国人通过观察太阳周年运动而形成的时间知识体系及其实践。

中国人将太阳周年运动轨迹划分为24等份，每一等份为一个节气，统称“二十四节气”，具体包括立春、雨水、惊蛰、春分、清明、谷雨、立夏、小满、芒种、夏至、小暑、大暑、立秋、处暑、白露、秋分、寒露、霜降、立冬、小雪、大雪、冬至、小寒、大寒。人们将它们总结为28字节气歌“春雨惊春清谷天，夏满芒夏暑相连，秋处露秋寒霜降，冬雪雪冬小大寒”。

二十四节气形成于黄河流域，以观察该区域的天象、气温、降水和物候的时序变化为基准，作为农耕社会生产生活的时间指南，逐步为全国各地所采用。各农业社区依据节气安排传统农事日程，举办节令仪式和民俗活动；

民众安排家庭和个人的衣食住行。

二十四节气世代传承，是中国传统历法体系及其相关实践活动的重要组成部分，深刻影响着人们的思维方式、生活方式、文化活动、饮食健康和行为准则，是中华民族文化认同的重要载体。

2006年，“农历二十四节气”入选第一批国家级非物质文化遗产名录。

2016年11月30日，在埃塞俄比亚首都举行的联合国教科文组织保护非物质文化遗产政府间委员会第十一届常会上，“二十四节气 —— 中国人通过观察太阳周年运动而形成的时间知识体系及其实践”被列入联合国教科文组织人类非物质文化遗产代表作名录。

目录

立春

寓意：春季的开始。

2 月 3 日—5 日

立春，二十四节气中的第 1 个节气。

太阳到达黄经 315° 时。

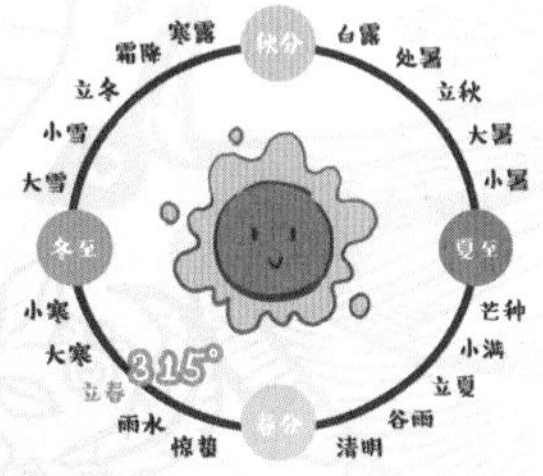

一年之计在于春

一日之计在于晨

立春这天“阳和起蛰，品物皆春”。立春后，万物复苏，生机勃勃，一年四季从此开始了。

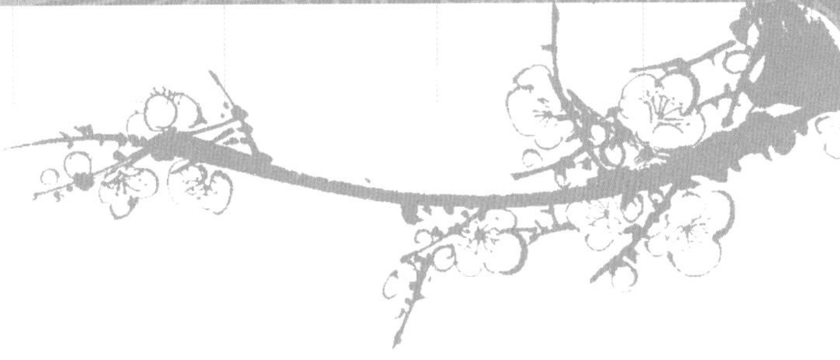

等到了某个时辰，羽毛和鸡毛会从坑里飘上来，这个时刻就是立春的时辰。

立春三候

一候东风解冻，二候蛰虫始振，三候鱼陟负冰。

立春伊始，春风送暖，大地开始解冻；五日后，蛰居的虫类慢慢苏醒；再五日，河里的冰开始融化，鱼到水面上游动，此时水面上还有没完全融化的碎冰片。

此时总体气温、日照、降雨，都趋于上升或增多，春耕备播工作开始进入准备阶段。要做好防寒、防冻、防雪工作。

 春

周代立春时，天子率三公九卿、诸侯大夫去东郊迎春，祈求丰收。东汉时，正式产生了迎春礼俗。

打春　鞭春牛

民间扎春牛，用鞭打之，谓之打春。鞭春牛，又称鞭土牛。山东民间鞭春牛，要把土牛打碎，人们争抢春牛土，谓之抢春，以抢得牛头为吉利。

报春

报春，送春牛图。立春前几日，春官会敲锣、打竹板、唱春词，挨家挨户送春牛图，意为提醒人们抓紧务农。

咬春

饰

用与春天有关的装饰物来营造春天到来的气氛。民间剪彩为燕，称为“春鸡”；贴羽为蝶，称为“春蛾”；缠绒为杖，称为“春杆”，戴在头上，争奇斗艳，迎接春天。

九华立春祭于2011年入选国家级非物质文化遗产扩展项目名录，流传于浙江省衢州市柯城区。每年二十四节气的立春日，外陈村村民都会在九华梧桐祖殿举行立春祭祀活动。

立 春 养 生

◎立春养生重护肝。作息时间上，人们应顺应自然规律安排作息时间，早睡早起。

◎立春之后的一段时间往往冷暖不定，要预防“倒春寒”的侵扰，特别是对于体弱的人来说，感冒、发烧是常有的事情。

饮 食 推 荐

要杀菌防寒，在饮食上可合理增加吃大蒜、洋葱、芹菜等“味冲”食物的次数，对预防伤寒感冒等春季多发的呼吸道感染大有益处。

饮食要清淡，不要过度食用干燥、辛辣的食物。此时阳气上升容易伤阴，要特别注重养阴，可以多选用百合、山药、莲子、枸杞等食物。

立春

宋·白玉蟾

东风吹散梅梢雪，

一夜挽回天下春。

从此阳春应有脚，

百花富贵草精神。

雨水

寓意：降雨开始，雨量渐增。

2 月 18 日—20 日

雨水，二十四节气的第 2 个节气。

太阳到达黄经 330° 时。

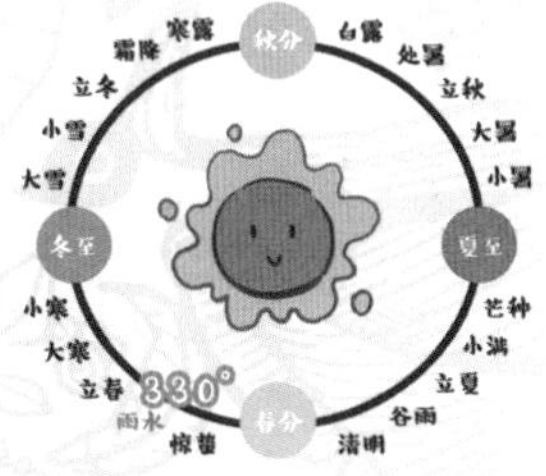

立春雨水到

早起晚睡觉

雨水节气的到来预示着冬季干冷天气即将结束，气温回升，湿度增大，雨水增多，雨水节气名符其实，意味着进入气象意义上的春天。

雨　水　三　候

一候獭祭鱼，二候鸿雁来，三候草木萌动。

此节气，水獭开始捕鱼，将鱼摆在岸边如同先祭后食的样子；大雁开始从南方飞回北方；草木随地中阳气的上腾而开始抽出嫩芽。

农业上要注意保墒，及时浇灌，以满足小麦拔节孕穗、油菜抽苔开花等需水关键期的水分供应。

拉　保　保

拉保保是四川地区古往有之的传统民俗文化，即父母给孩子认干爹、干妈。雨水这天拉干爹，意取“雨露滋润易生长”之意。

回娘屋

罐罐肉

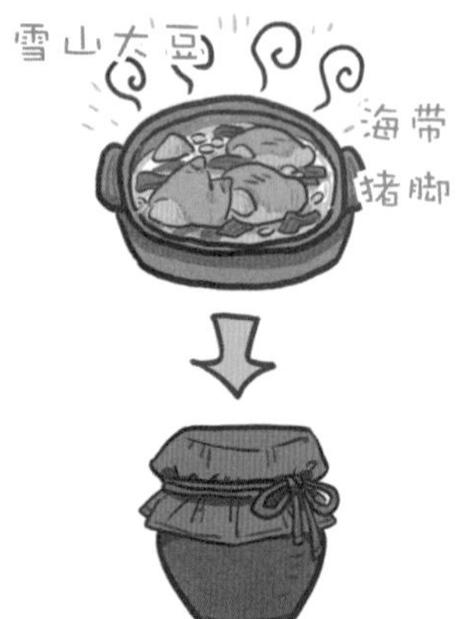

回娘屋是流行于川西一带的民俗。雨水时期，出嫁并生育孩子的女儿须带上罐罐肉、椅子等礼物回娘家拜望父母，表示感谢父母的养育之恩。

雨水养生

◎雨水节气后，降雨增多，寒湿之邪最易阻困脾脏。由于湿邪难以祛除，故雨水前后应当着重养护脾脏。

◎在饮食上要保持均衡，食物中的蛋白质、碳水化合物、脂肪、维生素、矿物质等要保持相应的比例。

饮 食 推 荐

保持五味不偏，尽量少吃辛辣食品，多吃新鲜蔬菜等。少食生冷之物，以顾护脾胃阳气。

初春小雨

唐·韩愈

天街小雨润如酥，

草色遥看近却无。

最是一年春好处，

绝胜烟柳满皇都。

惊蛰

寓意：天气回暖，春雷始鸣。

3 月 5 日—7 日

惊蛰，二十四节气中的第 3 个节气。

太阳到达黄经 345° 时。

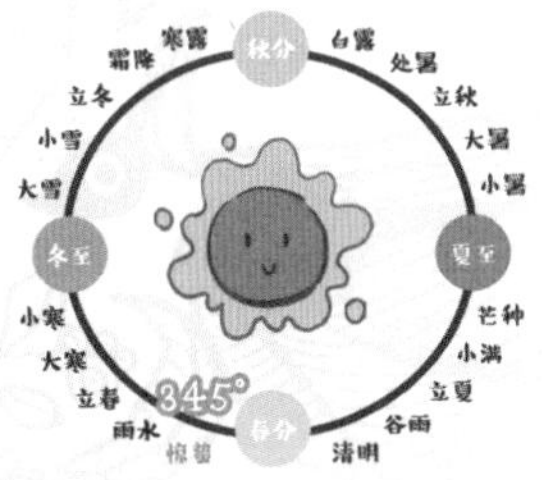

雷打惊蛰前

二月雨连绵

惊蛰之前，动物入冬藏伏土中，不饮不食，称为“蛰”；到了“惊蛰节”，天上的春雷惊醒蛰居的动物，称为“惊”。

惊 蛰 三 候

一候桃始华，二候黄鹂鸣，三候鹰化为鸠。

惊蛰时节，桃花开放；黄鹂叫鸣；鹰悄悄地躲起来繁育后代，原本蛰伏的鸠开始鸣叫求偶。

◎惊蛰过后春耕忙。我国劳动人民自古就很重视惊蛰节气，把它视为春耕开始的日子。

◎江南小麦已经拔节，干旱少雨的地方应适当浇水灌溉。

祭白虎

祭白虎指拜祭用纸绘制的老虎，中国民间传说白虎是口舌、是非之神，每年都会在这天出来觅食。以猪油、鸭蛋等喂食纸老虎，它就不会开口伤人。

打小人

打小人的用意在于通过拍打代表小人的纸公仔，惩恶扬善，祈求这一年诸事顺利。

吃　梨

山西一带民间有惊蛰吃梨的习俗，因“梨”与“离”谐音，惊蛰吃梨寓意跟害虫分离，也寓意在气候多变的春日，让疾病远离身体。

惊蛰养生

◎惊蛰过后万物复苏，却也是各种病毒和细菌活跃的季节。

◎春季与肝相应，如养生不当则会伤肝。人体的肝阳之气渐升，阴血相对不足。养生应顺乎阳气的升发、万物始生的特点，使自身的精神、情志、气血也如春日一样舒展畅达，生机盎然。

饮 食 推 荐

◎ 由于春季与肝相应，如养生不当则会伤肝。

◎ 多吃富含植物蛋白质、维生素的清淡食物，少食动物脂肪类食物。

◎ 可多食鸭血、菠菜、芦荟、水萝卜、苦瓜、木耳菜、芹菜、油菜、山药、莲子和银耳等食物。

惊蛰

当代·陆地

雷鸣天鼓震眠虫，

雨润千山暗自青。

一缕艾烟驱四害，

人生百味忌咸浓。

春分

寓意：昼夜几乎相等。

3 月 21 日前后

春分，二十四节气中的第 4 个节气。

太阳到达黄经 0° 时。

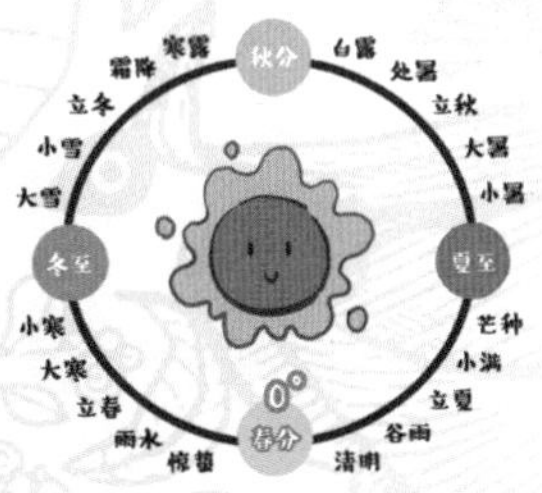

春分秋分

昼夜平分

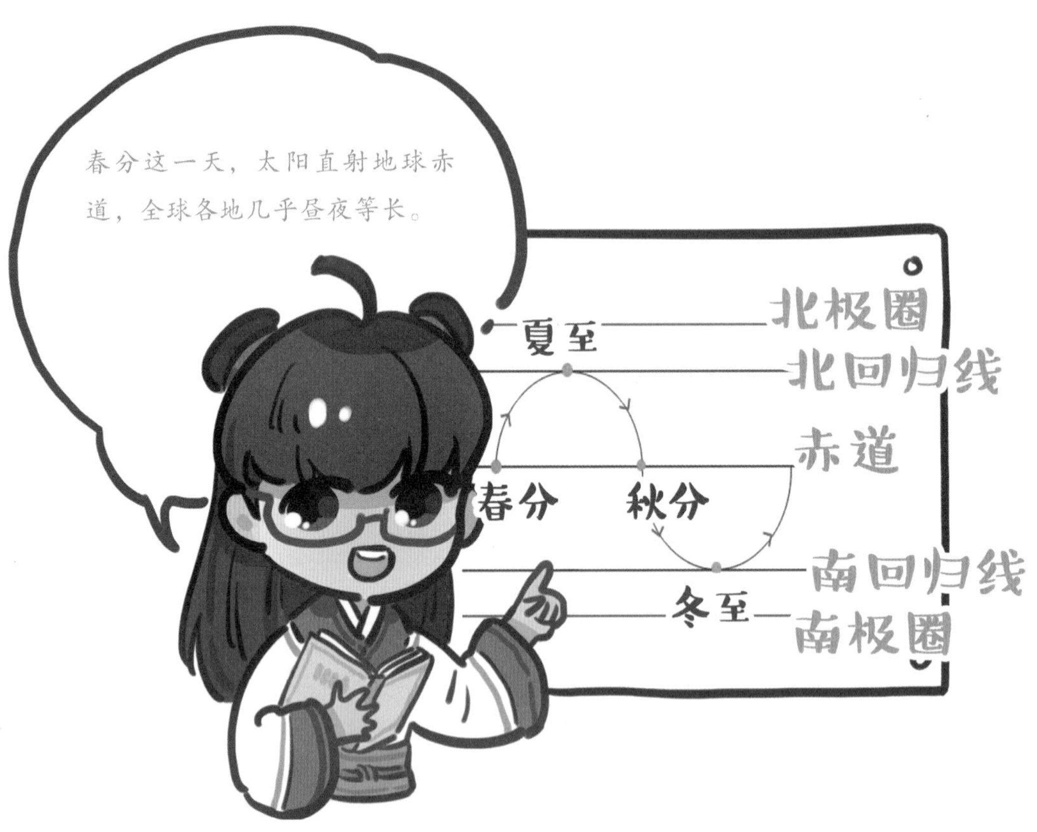

春分过后，太阳直射点开始进入北半球，北半球各地开始昼长夜短。

春　分　三　候

一候元鸟至，二候雷乃发声，三候始电。

春分后，燕子便从南方飞来了，下雨时天空会打雷并发出闪电。

春分过后，越冬作物进入生长阶段，要加强田间管理。由于气温回升快，需水量相对较大，要加强蓄水保墒。

粘雀子嘴

人们用细竹叉扦着煮好的不包馅的黏性汤圆置于室外田边地坎，用来粘住破坏庄稼的雀子，名曰粘雀子嘴。

竖蛋

据说因为春分日日夜平分，最容易把鸡蛋竖起来，很多人当日都玩起了“竖蛋”游戏。

吃 春 菜

春分那天，岭南人会去采摘春菜。采回的春菜一般与鱼片一起“滚汤”，名曰“春汤”。有乞求家宅安宁、身壮力健之意。

放风筝

春分期间还是小朋友们放风筝的好时候，尤其是春分当天，许多大人们也会参与。

春　祭

春分时节，扫墓祭祖，也叫春祭。扫墓前先要在祠堂举行隆重的祭祖仪式，杀猪、宰羊，请鼓手吹奏，由礼生念祭文，带引行三献礼。

安仁赶分社于2014年入选国家级非物质文化遗产代表性项目名录扩展项目名录，是湖南省安仁县民众在春分社日举办的祭神祈谷的盛大节令文化空间。主要内容包括：祭神祈谷、集会演出、赶场交易、吃药开耕等。

春分养生

◎ 由于春分节气平分了昼夜、寒暑，人们在保健养生时应注意保持人体的阴阳平衡状态。

◎ 应当根据自己的实际情况选择能够保持机体功能协调平衡的膳食，忌大热、大寒的饮食，保持寒热均衡。这段时期也不宜饮用过肥腻的汤品。

饮 食 推 荐

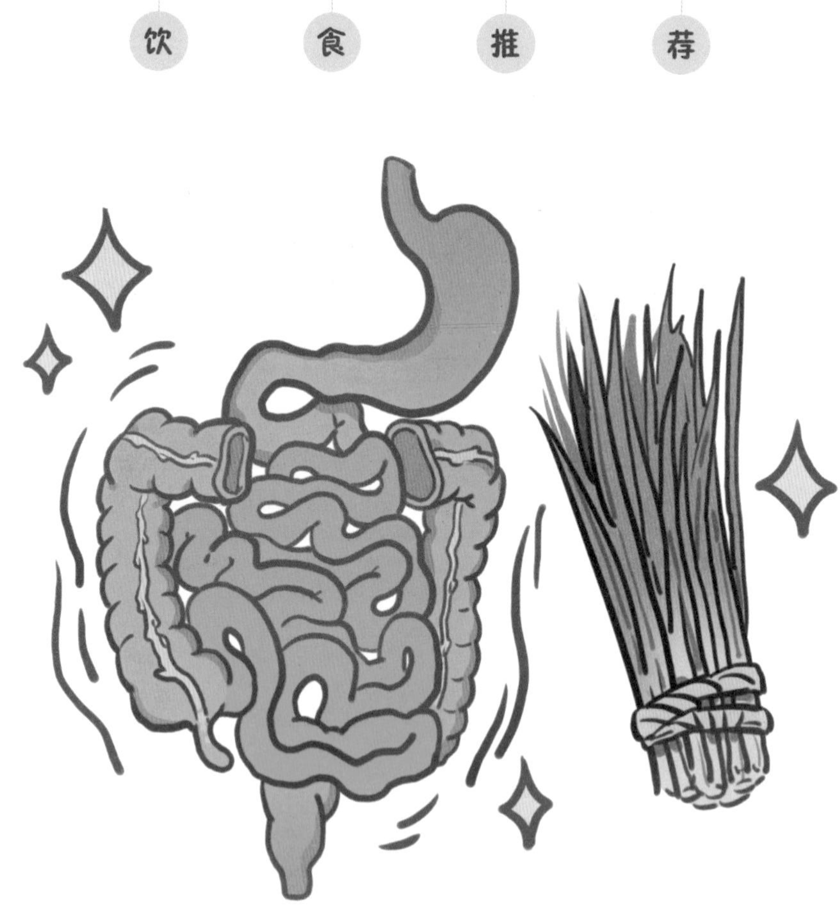

吃有养阳功效的韭菜，可增强人体脾胃之气；豆芽、豆苗、莴苣等食材，有助于活化身体生长机能；而食用桑椹、樱桃、草莓等营养丰富的水果，则能润肺生津、滋补养肝。

春分七绝·苏醒

南唐·徐铉

春分雨脚落声微，

柳岸斜风带客归。

时令北方偏向晚，

可知早有绿腰肥。

清明

寓意：天气晴朗、草木繁茂。

4 月 4 日—6 日

清明，二十四节气中的第 5 个节气。

太阳到达黄经 15° 时。

清明前后种瓜点豆

清明也是中国重要的传统节日。自然界到处呈现一派生机勃勃的景象，正是郊游的大好时光。我国民间长期保持着清明踏青的习惯。

清　明　三　候

一候桐始华，二候田鼠化为鴽，三候虹始见。

清明时节，白桐花开放；喜阴的田鼠消失，全回到地下的洞中；雨后的天空可以看见彩虹。

北方旱作物和江南早中稻都进入大批播种的适宜季节，要抓紧时机抢晴早播。

扫　墓

清明节的起源始于古代“墓祭”之礼，每年这天，无论天子凡夫都要祭祖扫墓，这是中华民族通行的风俗。

蚕花会

蚕花会是蚕乡一种特有的民俗文化，每年蚕花会人山人海，活动频繁，有迎蚕神、摇快船、闹台阁、拜香凳、打拳、龙灯、翘高竿、唱戏文等活动。

明　前　茶

清明节前采制的茶叶，受虫害侵扰少，芽叶细嫩，色翠香幽，味醇形美，是茶中佳品。

由于寒食节与清明节合二为一的关系，一些地方还保留着清明节吃冷食的习惯。

清　明　养　生

◎ 清明属于春季多雨期，气候潮湿，容易使人产生疲倦嗜睡的感觉。

◎ 同时也是多种慢性疾病易复发之时，如关节炎、哮喘等，因而有慢性病的人要忌食易发的食物，适当吃些凉性食物。

饮 食 推 荐

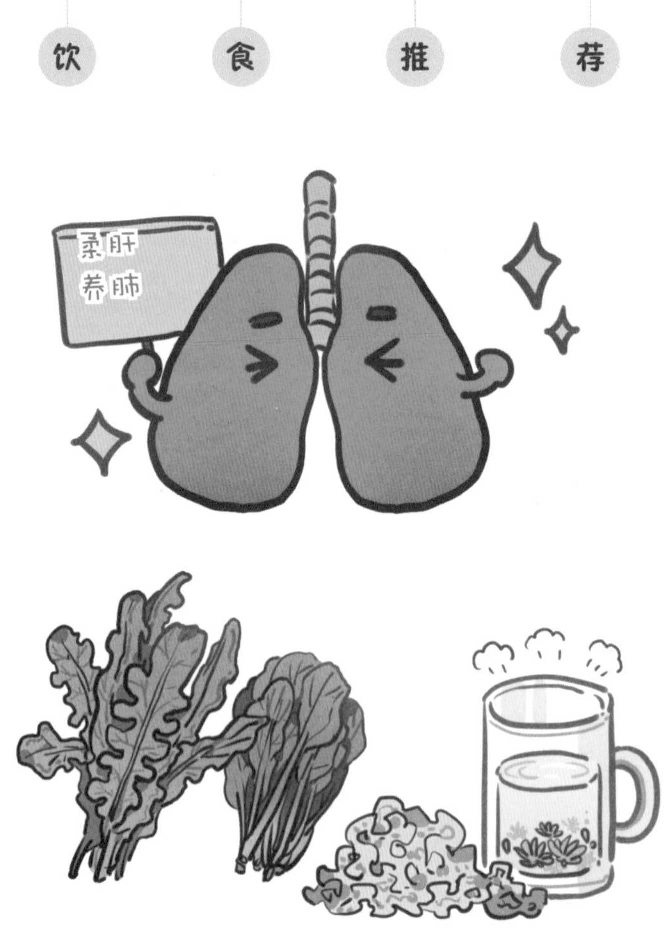

春季肝阳上升，不宜食用发性的食物(如竹笋、鸡肉等)。清明时节应多吃柔肝养肺的食物，荠菜、菠菜、淮山、银耳等都是不错的选择。

清 明

唐·杜牧

清明时节雨纷纷，
路上行人欲断魂。
借问酒家何处有？
牧童遥指杏花村。

寓意：寒潮天气基本结束，气温回升加快。

4 月 19 日—21 日

谷雨，二十四节气中的第 6 个节气。

太阳到达黄经 30° 时。

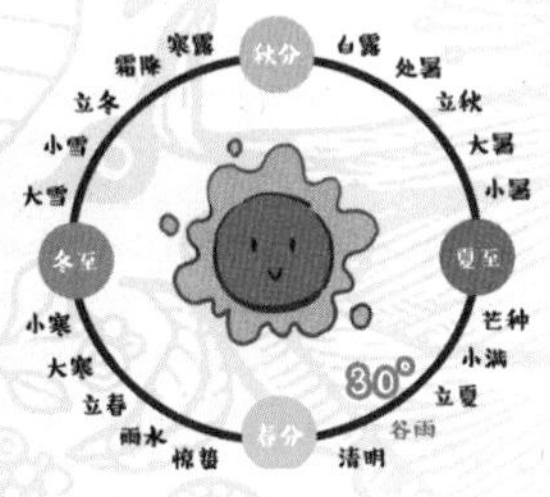

谷雨前后栽地瓜

最好不要过立夏

天气转温，人们的室外活动增加，北方地区的桃花、杏花等开放；杨絮、柳絮四处飞扬。雨生百谷。雨量充足而及时，谷类作物能茁壮成长。

谷　雨　三　候

一候萍始生，二候鸣鸠拂其羽，三候戴胜降于桑。

戴胜鸟

谷雨后降雨量增多，浮萍开始生长；布谷鸟开始提醒人们播种；桑树上开始见到戴胜鸟。

此时期有利于谷类农作物的生长，中国大部分地区进入了春种春播的关键时期，是播种移苗的最佳时节。

祭海

谷雨时节海水回暖，百鱼行至浅海地带，是下海捕鱼的好日子。为了能够出海平安、满载而归，渔民们在谷雨这天要举行海祭，祈求海神保佑。

谷雨茶

谷雨茶也就是雨前茶，是谷雨时节采制的春茶，又叫二春茶。谷雨这天不管是什么天气，人们都会去茶山摘一些新茶回来喝，以祈求健康。

赏花

牡丹花也被称为“谷雨花”，是花卉中唯一一种以节气命名的花。民间流传“谷雨过三天，园里看牡丹”的说法，赏牡丹成为人们闲暇重要的娱乐活动。

谷 雨 养 生

◎谷雨节气后降雨增多，空气中的湿度逐渐加大。谷雨节气后，是神经疼痛病症的发病期。

◎在饮食上应减少高蛋白质、高热量食物的摄入，食物清淡、富于营养，强调粗细搭配，荤素搭配。根据个人体质，食用一些益肝补肾的食物。

饮 食 推 荐

◎谷雨前后，香椿上市。这时的香椿醇香爽口，营养价值高，故有“雨前香椿嫩如丝”之说。

◎香椿一般分为紫椿芽、绿椿芽，尤以紫椿芽最佳。

谷雨

宋・朱槔

天点纷林际，虚檐写梦中。

明朝知谷雨，无策禁花风。

石渚收机巧，烟蓑建事功。

越禽牢闭口，吾道寄天公。

图书在版编目（CIP）数据

二十四节气. 春 / 陈学会主编. -- 北京 : 文化艺术出版社,
2018.8
ISBN 978-7-5039-6492-3
Ⅰ. ①二… Ⅱ. ①陈… Ⅲ. ①二十四节气 - 青少年读物 Ⅳ.
①P462-49

中国版本图书馆CIP数据核字(2018)第101857号

二十四节气 · 春

中国人的智慧，全人类的财富

主　　编　陈学会
绘　　图　于振越
文字整理　陈学会　于振越　王心艺　沈雨辰
责任编辑　叶茹飞
书籍设计　顾　紫
出版发行　文化艺术出版社
地　　址　北京市东城区东四八条52号　（100700）
网　　址　www.caaph.com
电子邮箱　s@caaph.com
电　　话　（010）84057666（总编室）84057667（办公室）
　　　　　（010）84057696—84057699（发行部）
传　　真　（010）84057660（总编室）84057670（办公室）
　　　　　（010）84057690（发行部）
经　　销　新华书店
印　　刷　北京荣宝燕泰印务有限公司
版　　次　2018 年 7 月第 1 版
印　　次　2018 年 7 月第 1 次印刷
印　　张　3
字　　数　10千字
开　　本　790 毫米×960 毫米　1/24
书　　号　ISBN 978-7-5039-6492-3
定　　价　32.00元